日常の絶景

知ってる街の、
知らない見方

八馬 智 著

学芸出版社

誰もが人生の中で、目の前の風景にハッと息をのんだ体験があるだろう。

見慣れた部屋であっても、窓から入る風のそよぎ方や差し込む光の具合で、こんな表情があったのかとあらためて気付く。いつも通勤通学で歩いている道でも、休日に顔を上げてゆっくり歩くだけで、見えなかったものが見えてとても新鮮に感じる。それらは他者が共感できないかもしれない、自分なりの風景の体験だ。

一方、「絶景」とは、多くの人が共感できる美しさや迫力を持つ他にはない風景、と一般的には捉えられている。そのため、自分たちの日常生活とは距離があるように受け取られやすい。しかし、「めずらしさ」や「わかりやすさ」は単なる結果であり、必要条件ではないはずだ。むしろ重要なのは、風景を成立させている背景の「設定」であり、その意味を自分なりに理解して価値づけることではないだろうか。各種メディアで絶景と定義された風景でなくても、自分なりの絶景があっていいのだ。

つまり、絶景は非日常だけとは限らない。日常にも潜んでいる可能性がある。そして、それらを能動的に探索するプロセスは、とても楽しいものだ。

アンテナ感度を上げながら街を歩き、自分なりの絶景を見つけたときは、静かな興奮に浸ることができる。他者からすると「わかりにくい」ものであっても、「ああそういうことなのか」「この解き方は見たことがない」「これはクオリティが高い」など、自分自身が「わかる」時こそ大きなよろこびが得られる。そもそも現代社会のさまざまな場面で求められる「わかりやすさ」は、正義とは限らない。むしろ、人間の知性を弱体化させる危険性がある。人生において重要なことはたいてい、手軽に得られるはずもなく、なにかの苦労を経てようやく到達するもの。つまり、他者から与えられた絶景よりも、自分自身で獲得した絶景のほうが、より本質に近づいていると言えるだろう。

そのように絶景を探索していると、日常を支えている要素にも思いが至る。

小説、演劇、映画、アニメ、漫画、ゲームなどの創作物では、その世界観を構成するパラメーターを、制作者が設定している。それらは世界が破綻しないよう緻密に組み立てられ、演出に練り込まれる。受け取る側は、自分の知識や常識と対比しながら、その世界設定を理解していく。そのプロセス自体、創作物の面白さの一部だ。
創作物から得られるこのような体験と、旅行などで得られる風景体験は、

4

ずいぶん類似しているように思える。たとえば、異なる国や地域に行くと、自分のルールが通用しない場面に出くわし、それを乗り越えることで地域文化を理解することがある。地域の成り立ちが創作物の世界設定と同じだと捉えれば、リアルな風景を読み解く面白さも理解しやすい。むしろもしかすると、自分たちが生きるこの現実世界も、誰かが設定しているのかもしれない。そう考えると、いつもの風景も少し違うように見えてくる。

見方をわずかに変えると、それまで見えなかった姿が次第に浮かび上がる。

そのためには、目の前の具体的な対象をさまざまな角度や距離から徹底的に眺め、それが成立している理由を考えながら、ひとたび抽象的に捉え直す。これを効率よくやるには、ちょっとした工夫が必要だ。たとえば、言語化を繰り返す、因果関係を整理する、背後にあるパターンを見抜く、時間や空間のスケールを変える、アナロジーを用いて置き換えるなど、さまざまな手法が考えられるが、それらを解説することは本書の目的ではない。

本書が目指すところは、筆者の雑多な妄想をサンプルにしながら、読者の風景に対する感度や解像度を刺激することにある。つまり、さまざまな「風景の見方のコツ」を緩やかに示したいと思っている。

そのために、室外機、通信鉄塔、ダムなど、都市の内外に存在する具体的な対象物を15項目選んだ。それらは日常の中に溶け込んでおり、見ようとしなければ見えない、つまり、一般的には「わかりにくい」ものたちである。本書を通じて、見方のコツを得ることで、絶景に見えてくる期待を持って選定した。

さらに、スケールにダイナミズムを与えるために、章の構成を「S、M、XL」と次第に大きくなるようにした。「L」が抜けているのは、勢い余ってしまったからに他ならない。日常の風景から、日常を構成しているものの風景に移り変わっていく。そのスケールの違いも楽しんでいただけると幸いである。

2021年12月　八馬智

もくじ

1章

scale= S

身近にあるもの

室外機

リサイクルボックス

擬木・擬石

パイプ・ダクト

高低差

個人コレクションの展示

室外機のファンって、意外と多いのではないだろうか。キラキラした表舞台には決して立たないけれど、みんなの快適な環境をひたむきに支える努力に共感し、応援したくなる人がいてもおかしくない。たとえ窮屈で危険な場所に追いやられ、日照や風雨にさらされ、振動・騒音・排気が疎まれても、わかる人はわかってくれるのだ。

すでに、室外機への屈折した愛情をこじらせたビルオーナーが、自らのコレクションをビルの壁面に堂々と公開展示していることがある。しかも、さまざまな街の、さまざまな場所で。

そんな妄想を膨らませながら、室外機がちりばめられた壁面を「鑑賞」してみよう。すると、風景の読み解き方が豊かに広がっていくだろう。もちろん、室外機コレクターなんていないことはわかっている。そこは鑑賞者が勝手につくりあげてもかまわない。風景を価値づける権利は、鑑賞者が有しているのだから。

あたかも無限に続くような室外
機。この几帳面なコレクターは正
確な配列にすることを意図して、
あらかじめブラケットを設けてい
るのだろう。[文京区 | 2016]

コレクターの性格

ビルの壁面は、室外機コレクションの展示会場である。コレクターそれぞれの性格や趣味趣向の違いが浮かび上がってくる。上手にきっちり並べる人、場当たり的に配置して手に負えなくなってしまう人、とにかく量で圧倒したがる人、同じ種類で揃えたい人、ドラマチックな変化を求める人、自慢はしたいが他人には触れさせない人。

多様なコレクターの室外機を観察しつつ、自分だったらどう並べるか考えてみるのも楽しい。

由緒あるレンガアーチを背景に、室外機と飲食店の看板を紐付けようとしたのであろう、意欲的なコレクション。［千代田区｜2012］

丁寧な配置と明快なフレームのバランスが見事。オシャレ系室外機コレクションの最高峰だろう。［シンガポール｜2017］

立体的で自由な構成は、メタボリズムのオマージュかもしれない。［ニューデリー｜2019］

自分のコレクションに手を
触れられたくないのか、囲い
を設けた事例。気持ちはわ
かる。［熊本市｜2017］

展示環境を構成する黄色い
壁面の凹凸を巧みに利用
して、立体感があるポップな
雰囲気を生み出している。
［習志野市｜2013］

量の価値

質は量がなければ生まれないが、量があれば質が
生まれるわけではない。質はそれなりの創意工夫が
伴ってはじめて生まれるものだろう。室外機がずらりと
展示されている様子を見続けると、そんな思いに至る。
鑑賞する側にも、その質を受け取るためには量が必要
なのだ。とにかく、繰り返し観察してみよう。

緻密に配置された室外機
のリズム感と外壁の縦スリッ
トや窓がもたらす強烈な
ビートが、心地よいグルーヴ
を生み出している。［上海｜
2008］

屋上駐車場を見渡す限り
占有している室外機群。至
近距離から鑑賞できること
もあり、圧倒される。[台北|
2010]

きっちり並べられていた室
外機が意志を持って動き
出したようにも見てとれる。
[松江市|2015]

ボリュームを活かして、密度
が高い配置にするとともに、
階層付けを行っている。鑑賞
する側も襟を正す。[松山市
|2020]

地域性の反映

経済性を優先して画一化した再開発が繰り返される
現代の都市では、地域のアイデンティティを保つこと
が難しい。しかし、その地域らしさが、室外機コレク
ションにかすかに宿っていることがある。見せる・見ら
れるという自意識、自由意志の扱い方などに着目する
ことで、コレクターの内側に脈々と引き継がれる地域
の文化的文脈を感じ取ることも可能なのだ。

曼荼羅のように整然と仕切
られた枠の中で、ユーザーの
自由奔放な使いこなし手法
が展開されている。計画都
市ニューデリーの中で自律的
に活動する人々の姿が、自
己相似的に投影されている。
［ニューデリー｜2019］

伝統的な千鳥配置で組む
ことで、ハイクラスな質感を
保っている。しかし、ビルや
電線によって視線が巧みに
遮られてもいる。もともと他
所の者に見せるつもりなど
ないのだろう、京都らしいハ
イコンテクストなファサード
である。[京都市|2020]

自然増殖したようなカオス
的室外機群。しかし、その両
サイドはグリッド状できっち
り整列させている。多様なコ
レクターを受け入れる国民
性があるのだろう。[シンガ
ポール|2017]

囚われのドロイド

Otsuka

鉄の柵で囲まれた6体。こ
の様相を見て、ドロイドたち
がなにかに囚われている事
実に、ようやく気がついた。
［流山市｜2018］

自動販売機の脇にあるリサイクルボックスをじっくり鑑賞していると、微笑ましい気分になる。大きな目と大きな頭に、かわいらしさを感じてしまうのだろう。そんな感情を抱いてしまうと、立ち振る舞いやしぐさが気になってくる。

しかし、そもそもの役割を考えると、現代社会のシステムに囚われている存在だとわかる。

使用済み容器を回収するためのリサイクルボックスは、飲料メーカーや自販機メーカーなどによる業界団体がつくった自主ガイドラインに基づいて設置・管理されている。管理者はリサイクルボックスを必要個数揃えることが命題となり、それらの清掃や破損に目を配る必要が生じる。そうして設置されたリサイクルボックスたちは、自販機設置者によって管理の状況が微妙に異なるため、結果的に囚われ方にも個性が生じているのだ。

それぞれの関係

擬人化を進めて感情移入してみると、リサイクルボックス同士の関係、リサイクルボックスと自販機との関係を読み取ることができる。それを手がかりに、ここからはじまる物語を妄想してみよう。

ちなみに、日本の資源ゴミの回収率は高いと言われている。しかし一般ゴミが混入し、手間がかかることもあるようだ。それはリサイクルコストに反映されてしまう。ユーザー側の環境に対する問題意識が、共生から依存に置き換わってしまうことは避けたい。

設置場所の傾斜により、自販機にぴったりと寄り添っている。カップルの愛情や幸福を感じるか、依存関係を感じるかは鑑賞者次第。[千葉市|2016]

柄の悪いコンビ。飲み過ぎて、激しく酔っているのだろう。［千葉市｜2016］

よく見ると自販機にくくりつけられていて戦慄するという状況は、思いのほか多い。［千葉市｜2016］

青い若者に押しのけられて、仕事を奪われて困惑している中年の様子。［千葉市｜2016］

大きな壁の前で背の順に並び、意味ありげにこちらの様子を伺っている。［京都市｜2020］

何が悲しいのかはわからないが、涙を流している場面も見受けられる。［千葉市｜2016］

ホンモノになりたい

レンガ風の外観をまとったす
べて、躯体に生じたクラッ
クからは、コンクリートの呪
縛からは逃れられないとい
う現実も感じる［富岡市｜
2016］

○○風、○○調、○○式など、別のなにかのイメージを積極的に取り込んだ商品が世の中には多々あり、日常の風景の中でも大量に見出すことができる。レンガを模した壁面、木を模した柵、石を模した舗装。それらを見続けていると、ホンモノへの憧れに満ち溢れた街に見えてきて、ちょっとしたテーマパークの中にいる気分になれる。

同時に、深遠なテーマが隠されていることにも気付く。ホンモノとニセモノの境界はどこにあるのか、模倣から学ぶ価値をどう捉えるのか、人類が生み出したもので純粋なオリジナルなんて存在するのか、ニセモノは悪なのか、そもそもホンモノとはなにか。どうやらニセモノだと安易に切り捨ててしまう前に、本質を考えながら風景を眺める必要がありそうだ。

模倣からの出発

社会全体には「マネ」をすることに対して大きなマイナスイメージがある一方で、特に芸術や技術などの創造的行為において、自然の成り立ちや他者の技能を体験的に模倣することは、極めて重要な意義がある。

その萌芽は、街中に散見される。もちろんクオリティが低いものも多いが、キラリと光る要素を感じ取れるものもある。模倣による新たな価値の獲得を試みている過程にあるのではないだろうか。

形状は完全にアルミ製の防護柵だが、表面には目を疑うほど流麗なタッチで木目調の塗装が施されている。
[横浜市|2009]

まるで天然のシラカバのように仕上げられたコンクリート柵。高度な左官技術の無駄遣いにも見える。［氷見市｜2015］

北海道の山道で見かけた、クマゲラが止まっている樹木を模した反射板。移動する車からはなかなか視認できないが、歩行者はほぼいないであろう場所。［美瑛町｜2013］

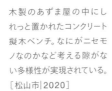

木製のあずま屋の中にしれっと置かれたコンクリート擬木ベンチ。なにがニセモノなのかなど考える隙がない多様性が実現されている。［松山市｜2020］

近くの産業遺産をリスペクトしたレンガ調の自動販売機。細部に至るまで丁寧にカットされたレンガシートやコーナーの木柱調シートのこだわりが光る。［富岡市｜2016］

ホンモノの斜め上を行く

ホンモノとニセモノの境界線を探りながらまち歩きをしていると、素材や形態が持っている意味と認識の間に齟齬が生じて、思わずうろたえてしまうことがある。皮肉なことに、そのギャップが大きいほど、ジョークとして楽しむことができ、全く別の価値が宿っているのではとすら思えてくる。

その一方で、手軽かつ安価にホンモノに近づけたい、都合が悪いなにかを隠して正当化したいなど、ちょっとした「おもねり」や「いつわり」のマインドが感じられるものは、疑問を抱いてしまう。やはりお互いに、いつも謙虚な姿勢でありたい。

本来積層して使われるレンガを模した車止めは、その役割・構造・形状がレンガの材料特性から極端に乖離していて、クラクラする感覚が味わえる。[川崎市|2009]

自然石積み風の化粧型枠と木目調の鋼製柵が用いられた樋門。自然に溶け込ませたい意図は感じるが、独特な存在感が際立っている。[仙北市|2015]

土蔵のなまこ壁風の意匠が
施された長大なコンクリート
擁壁。これが完成形とは言
いにくいが、強い連続性を
生み出すデザイン手法の可
能性を示している。[伊那市|
2013]

外壁をつる性植物で緑化し
ようとしている建物。人為的
につくられたゆらぐ線に、自
然へのエクスキューズとして
植物を利用しようとする姿
勢が見えてくる。[沼津市|
2015]

自然石積み風の化粧型枠を
用いたコンクリート擁壁。同
じパターンの繰り返しが生
じることで、逆に人工感が揺
るぎないものになっている。
[江東区|2009]

露出した内臓

建物は通常、骨と皮によって内部に空間を生み出す。さらに、動物にとっての内臓や血管のように、内部環境の健全さを保つために気体・液体・電力などを効率的に伝える設備が必要となる。その役割を担うのが、数多くのパイプやダクトだ。

飲食店や生産設備などでは、スペースの制約や管理の都合があるせいか、それらがうっかり外側に配置され、人の目に触れてしまう場面がある。それらは、あたかも内臓が露出しているかようなぎょっとする印象をもたらす。

そのような場面は、基本的に建物の背面に限られるため、裏路地が少なくなってきた現代都市では、なかなかお目にかかれない。それがチラリと見えたときには、不意に胸が高鳴る。見てはいけないものを目にしている背徳感のような感情を抱きつつ、伏し目がちに観察していると、知らぬ間にうっとり魅了されていることに気付く。

スケール感がバグってしまう
屋上風景。裏側がない建
物は屋上がバックヤード化
して内臓が露出しやすい。
[大阪市|2015]

アルゴリズム配管

パイプやダクトは特定の役割を担っているため、一見すると煩雑に絡まり合って見えても、それぞれがなにかの合理性に基づいて配管されている。そのレイアウトは、あたかも電子基盤のように緻密な構成になっているものがあるのだ。その一方で、新たな設備が必要になるたびに、まるで自己増殖するように場当たり的な最適化を繰り返しているパイプ群もある。そんなカオス的状況も、生物が生き抜くための合理性に近いのかもしれない。

台に乗せられた室外機コレクションを引き立てる秀逸な配管。薄暗い空間でありながら、理路整然とした管のレイアウトが清涼感を生みだしている。[気仙沼市│2021]

きれいに整理された電子回路的なガス管。職人のこだわりが卓越している。[京都市|2013]

楽しげなガスメーター。ラインダンスを踊っているかのようだ。[札幌市|2016]

さまざまな役割のパイプが重なり合っている。場当たり的なだけに、力強い生命力を感じる。[鹿児島市|2017]

建物の裏面に露出したパイプ群。理路整然となにかを流しているが、外観からのみその内実を汲み取ることは困難だ。[新宿区|2016]

SF映画の世界設定

1980年代に公開された近未来SF映画の中に、あらゆるダクトが管理社会の根幹を成しており、その整備を行う配管工がキーパーソンという設定があった。現実世界に見え隠れするダクトを観察していると、そこには自分が知らないなにかの秘密が隠されているのではと、ほれぼれしながら妄想を膨らませることが多々ある。本当に配管工がこの世界をコントロールしているのかもしれない。

外壁のテクスチャーと異なる光沢のあるダクトは、夕陽を浴びて印象的なシーンを生み出している。このタイミングで動き出す秘密の仕掛けがあるのだろう。[川崎市|2015]

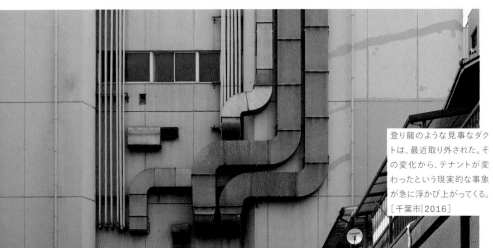

登り龍のような見事なダクトは、最近取り外された。その変化から、テナントが変わったという現実的な事象が急に浮かび上がってくる。[千葉市|2016]

大量のパイプが室内から生
えているだけで、なにかを
企んでいるように感じてし
まい、ワクワクドキドキする。
［中央区｜2012］

ダクトに拘束されているよ
うな建物。主従の逆転現象
が見られるところがSF的。
［港区｜2016］

外側に設備が出てこない
建物は、内装が省略された
地下空間こそ、見どころ満
載だ。有事には誰かがもぐ
り込んでいるかもしれない。
［江東区｜2015］

流れ落ちる滝のようなダクトによって飾られた研究施設。背後の巨大な建物よりも主役に見える。［千代田区｜2016］

現在の装飾

2000年代の後半から、工場の眺めが市民権を獲得してきた。工場のような巨大装置は、生産をするための設備が本質であり、それが外部に露出している。つまり、内側と外側が倒置している状況に、面白さが感じられるようになってきたわけだ。

かつて建築物も巨大な構造体や設備をあえて外部化して見せるというハイテック建築のムーブメントがあった。そんなポストモダン的な動きは、伏流のごとくあるのだろう。そろそろパイプやダクトを、現代の装飾様式のひとつにしてもよさそうだ。

天に昇るようなダクトによって飾られた、飲食店などが入っているビル。現代の神殿と言ってもいいかもしれない。［港区│2017］

水生生物を抽象化したかのような親しみのある装飾ダクトは、焼肉店のアイコンになり得るかもしれない。［佐賀市│2017］

1 - 5 ｜ 高低差

地に足をつける

街の立体感とスケール感を
同時に見ることができる場
所は、とても貴重。時間をか
けて観察し、そこにあるエッ
センスをたっぷり味わいたい。
［熱海市｜2019］

全く知らない街でも、自分のアンテナ感度を上げて歩き回っていると、その土地の特性がなんとなく体に染みこんでくる。次第に発見が増えていき、風景の解像感が増して見え方がクリアになっていく感覚。その際に大きな手がかりになるのが地形だ。

水がどのように流れ、土地の恵みをどのように享受し、生活に不可欠な水平面をどのように確保しているのかを、断片的な風景の情報から感じ取る。

特に、起伏の変化が大きい土地は、人工物と地形の接点に水平・鉛直の両方向に豊かな隙間が生じやすいので、読み解きが楽しくなる。

ちょっとした高低差に面白さが感じられるようになれば、人や水や空気などの動きを想像しながら、空間的・時間的スケールを頭の中で変化させてみる。すると、その街の特性がより顕著に認識できるようになるだろう。

試行錯誤の蓄積

高低差を乗り越えるために設けられる段差とスロープ。段差はスロープよりも、短い水平距離で大きな垂直距離の移動ができるが、わずかなギャップがつまずきの原因になるだけでなく、車椅子など車輪を持つものには大きな障害となる。一方でスムーズな移動を実現するスロープは、表面が濡れていたり凍っていたりすると、ほんの少しの傾斜でも踏ん張りがきかなくなり、スリップの要因となる。

このように役割や制約が重なり合う高低差を、どうやって乗り越えていくか。街の中には、人々の試行錯誤が集積されているのだ。

階段とスロープを二者択一で選ぶのではなく、同居させるために腐心したことが、絶妙な曲面から読み取れる。
［熱海市｜2019］

径が異なる鋼管を組み合わせてつくられたスロープ。道路管理者としては道路排水を阻害するものを置いてほしくはないが、段差を解消する必要がある人もいる。
［岡山市｜2017］

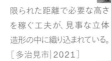

限られた距離で必要な高さを稼ぐ工夫が、見事な立体造形の中に織り込まれている。
［多治見市｜2021］

同じ高低差を解消するにも、二足歩行の論理と車輪の論理の違いによって解き方が変わってくる。併用するのが世の常なのだろう。
［文京区｜2015］

左の坂を登る人は、右側から回り込まず、手すりがある階段を使うのだろう。短い階段が取り込まれた交差点。
［千葉市｜2020］

水平とのせめぎ合い

島国の日本における多くの自然地形には、多量に降る雨水が山を削り、その土砂が堆積して形成された高低差がある。その一方で、斜面上のものは常に重力の影響を受けるため、安定しない。つまり、人は水平の床がなければ、安心して暮らすことができないのだ。

人が環境の中に水平面を構築するのは必然であり、それが人為の象徴と言ってもいいだろう。自然と人の接点には、読み取りがいのあるさまざまな情報が埋め込まれている。

建物の出入口から水が溢れ出てくるかのように見える階段。奥行き方向と横方向の高低差を同時に解消するために生まれた印象的な造形だ。[港区｜2016]

水平面をつくるための、一時的でささやかなソリューション。人類が乗り越えるべき課題が可視化されている。［京都市│2020］

坂道に隣接した立体駐車場には、棚田のような段差が生まれている。ここに入庫するには、それなりの運転スキルを要求されそうだ。［京都市│2009］

道路とアーケードは地形の勾配に従っているが、建物は重力に起因する人間の都合に従い、水平と鉛直で構成されている。［南魚沼郡湯沢町│2020］

狭い敷地の中で円弧を描く
ように高低差を解消する階
段とスロープ。それらの対比
には、得も言われぬ緊張感
がある。[勝浦市|2017]

巧まざる造形

高低差を乗り越えて生み出された場面には、奇跡
的な面白さが宿ることがある。あたかも自然がつ
くり出す美しさのように。それらはとても野生的で
荒々しく、迫力のある姿をしている。魅力的に見せ
ようとする意図が入り込んでいない、ある種の純粋
さが保たれた「巧まざる造形」と言える。

都市の日常に埋もれた「巧まざる造形」の魅力は、
うっかりすると見逃してしまう。それらを掘り起こす
とともに成立要因を妄想することは、都市の風景
の見方を捉え直す好機となる。

川の堤防を跨ぐ歩道橋に取り付くために設けられた段差とスロープ。下水管が埋設されているのか、マンホールも確認できる。さまざまな事情が絡んだ結果、とても魅力的な造形が生まれている。［千葉市｜2016］

かつて傾斜地にあった住宅が駐車場になり、隙間の階段だけが残された。意図せずに、原地形の記憶が保存されている。［長崎市｜2018］

ビルバオの枯山水

美食で有名なスペイン・バスク地方の中心都市であるビル
バオ。この街は重工業の著しい衰退で疲弊した後に、文化と
インフラへの集中的な投資により再生した都市再開発の
事例として知られている。地元の人々が集うバルを渡り歩き、
それぞれの店のワインとピンチョスを味わいながら、賑わいの
ある街を堪能するとその成果がよくわかる。

ここはスペインにありながら珍しく降水量が多い地域である。
雨に降られて道路を横断するときは、滑らないように足下を
しっかり見よう。すると、横断歩道にひっかいたような図像が
あることに気付くだろう。さらに、次の交差点には全く異なる
パターンが描かれていることを発見する。それらは、生命力に
満ちた勢いのあるラインだったり、外形を引き立てるような
繊細な表現だったり、いくつかの要素を混在させる複合的な
文様だったり。まるで京都の寺院で見る砂紋のような、芳醇な
抽象表現の世界が浮かび上がってくる。

白線の表面の抵抗を確保して、酔っ払いの転倒を防止して
いるのだろうか。いや、もしかすると古代から伝わる伝統的な
文様かもしれない。いずれにせよ、バスク人の卓越した創造性や
造形力の一端が足元の横断歩道にも現れているのだ、という
ことにしたい。

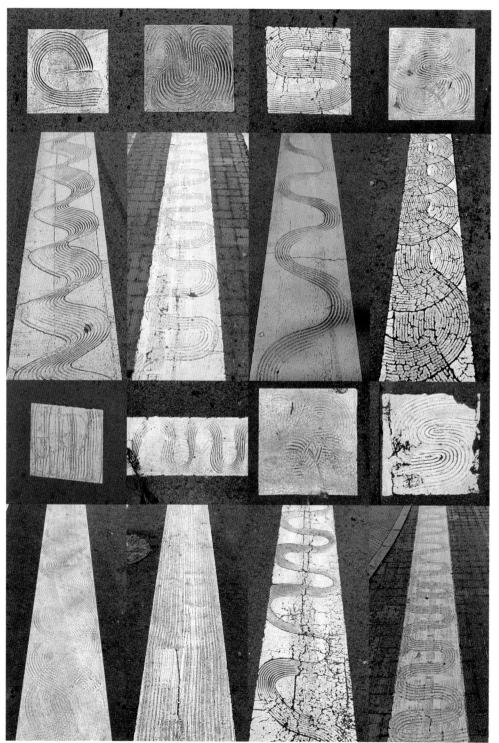

ベネチアの人々

奇跡の海上都市であるイタリアのベネチア。地盤沈下や気候変動によって水没の危機に瀕しているこの街は、近代化の象徴たる自動車交通を一切遮断している。そして、観光産業で身を立てつつ、独自の伝統的な文化を色濃く残している。迷路のような細い路地を散策していると、誰もいないはずなのにふと視線を感じることがある。振り返って周りを注意深く眺めると、そこには石板に真鍮の部品がはめ込まれた、見事な工芸品のような質感の呼び鈴がある。小さな丸穴が集合した部分はスピーカーだろうか。下部は郵便受けらしき細長い穴が空けられている。どう見ても帽子をかぶった紳士の顔だ。ひとたび呼び鈴を人の顔として認識してしまうと、街中に様々な表情の人々が潜んでいることに気付く。そして彼らを捜し歩くうちに、全く同じ顔を持つ人物などいないという事実がわかる。この街では現代的な新陳代謝をあえて起こさず、それぞれ生活者のスタイルに合わせた部分的な更新が繰り返されているのだろう。そのような状況が呼び鈴にも現れている。つまりこの人々は、観光者たちに地域性を理解するための手がかりを与えてくれているのだ、ということにしたい。

2
章

scale= **M**

街に潜むもの

避難階段

耐震改修

駐車場

通信鉄塔

コンテナターミナル

2-1 | 避難階段

ゴージャスな脇役

デパートなどの大きな床面積を持つ複合商業施設には、各フロアから直接地上に到達できる避難階段が複数必要になる。1970年前後に多数の死者を出すデパート火災が多数発生したために、建築基準法や消防法が繰り返し改正され、避難階段も大規模化していったのだ。

それらは屋外に設置されることがある。しかも、たいてい裏側に。その姿はエッシャーのリトグラフのような不思議な存在感を放ち、主役であるはずのファサードを凌駕する。

万が一でも使われないことを祈りながら力み続ける非常時のための設備は、日常の見え方にある種の崇高さと面白さをもたらす。もっと意識的に鑑賞され、その豪華さに見合う存在意義を獲得してもいいのではないだろうか。

駐車場にビルが建設される
と見えなくなる避難階段。幾
重にも積層する折れ線が、
頼もしく感じられる。[仙台市
|2018]

テクノビート

同じものが反復することには大きな魅力が宿る。それは宗教音楽やテクノミュージックなどから受ける印象によく似ている。たとえば、繰り返される旋律、淡々とした音色、規則正しいリズム、単調な構成。こうした要素が、高揚・恍惚・覚醒など、いわゆるトランス状態をつくり出すことにどこか近い。

避難階段のようなインフラ的設備は、非常時に迷わずにゴールまでたどり着くためにエネルギーコストを最小化することが前提なので、結果的にこうしたトランス系の要素が入り込みやすいのだろう。

大きな建物の裏側や隙間は見逃せない。意外なところに街の隠れた名作が埋めこまれていることがある。[宇都宮市|2013]

連担する階段と壁に落ちる影が、無限ループのような不思議な感覚を生み出している。[松山市|2020]

六角形の個性的な形態が
手すりなどの細かいテクス
チャーを伴って連続する
様は、とても音楽的である。
［国分寺市｜2019］

いくつものレイヤーが異なるリ
ズムを奏でることで、クラクラ
する心地よさが生まれてくる。
［江東区｜2015］

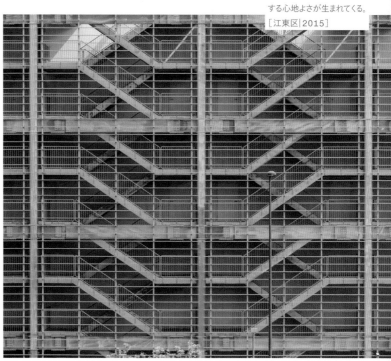

拭えない存在感

建物において、階段はたいへん魅力的な存在だ。表情豊かな造形も、移動による視点の変化も、昇降するという意味においても。もちろん、設計者はそれを強く意識して、腕の見せ所と言わんばかりに力を入れるだろう。

一方で外付けの避難階段の多くは、申し訳なさそうに建物の裏に付けられることが多いようだ。中には建物と一体化してそれとわからないようにカムフラージュしているものもある。しかし、その存在感を拭い去ることは容易ではない。

壁面に対して平行な階段か、直角な階段かで雰囲気が異なってくる。ここは好みが分かれるところかもしれない。[松山市|2020]

増改築に伴い増設したのだろうか、全体のまとまりには欠けるが、力強い生命力が感じられる避難階段。[京都市|2020]

円弧を用いた高級感のある独特なフェンスで囲っているが、もともとの避難階段の存在感を隠しきることはできない。[国分寺市|2019]

延命治療の現場

大きな地震災害によって建造物の倒壊が起こるたびに、耐震性能の向上が求められてきた。主に高度経済成長期につくられた建造物の中には、新たな耐震基準への対応や建て替えの資金不足などを理由に、延命を図らねばならないものも多い。そこで、既存の建造物の強度を高めるため、躯体の外側に耐震改修の補強部材を取り付けることがある。それは、地震大国の日本ならではの姿であろう。

本来はオリジナルの姿を重視して、内部だけでなんとかやりくりしたいところだろうが、予算も含めてさまざまな事情が交錯しているようだ。外観の保全を完全にあきらめて改造を施した姿は、もはや「耐震様式」という独立したスタイルとして認定してもいいのかもしれない。

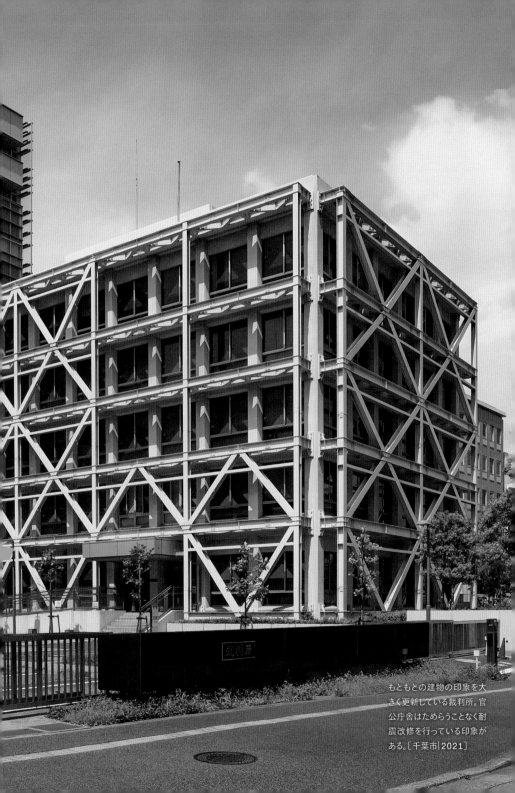

もともとの建物の印象を大
きく更新している裁判所。官
公庁舎はためらうことなく耐
震改修を行っている印象が
ある。[千葉市|2021]

延命への多様なアプローチ

温暖湿潤な災害列島の日本は、必然的に木造の文化、つまり、スクラップ・アンド・ビルドの文化が育まれてきた。しかし鉄やコンクリートという耐用年数が高い材料が主流になり、社会構造も大きく変化した現代では、多くの建造物をストックするマインドに切り替えていかなければならない。

数多くの耐震改修を眺めていると、その多様なアプローチに感嘆するとともに、あの手この手で延命しようとする熱い姿勢が伝わってくる。それらは、改修を重ねながら永く丁寧に使うことを視覚的に伝える媒体なのかもしれない。

ふたつの巨大な直方体が建物に張り付いて補強している。足下に駐車しているのがかわいい。[高崎市 | 2016]

あらかじめ想定していたかのような、すっきりとしたおさまりのブレースによる制振装置。[静岡市 | 2015]

がっちりとしたフレームで外
壁を覆っているが、全面を
補強するのではなく、必要
最小限の箇所に留めている。
［松山市｜2020］

スタジアムのスタンドにも
耐震補強が。この踏ん張り
の上に、人々の熱狂がある。
［千葉市｜2016］

団地の通路側に、メカニカ
ルな様相の外骨格が装着さ
れている。［江東区｜2015］

拘束される建物たち

地震に対する改修の方法は、揺れに耐える「耐震」、揺れを吸収する「制振」、揺れを受け流す「免震」と、三種類に大別される。それぞれメリットとデメリットがあり、対象の位置付けや状況によって採用される方法が異なる。

そのような技術的な話は脇に置いておいて、「この拘束が解けたらようやく本来のパワーが放たれる」という、SF的なイメージを持って耐震改修を鑑賞するといいだろう。そうすると、その改修がどのくらいのエネルギーに対抗するものなのかが、ぼんやりと感じられるかもしれない。

ボンデージ系の新幹線の鉄道高架橋。橋脚の外側にコンクリート板が設置され、その上から鋼線でぐるぐる巻きに縛られている。[山陽小野田市│2013]

高層ビルの吹き抜けの中に、耐震のための部材がこれでもかと埋め込まれている。外側からは想像がつかない力で、内側から拘束されているのだ。[港区|2017]

天に昇るかのような耐震補強。いざというときには拘束具が外れて団地が変形するのだろうか、などと妄想しよう。[港区|2017]

宙に浮いているようにも見える補強部材は、もしかすると霊的ななにかを封じ込めているのかもしれない。[松山市|2020]

アイコニック補強

世界遺産に指定されている韮山反射炉のイメージは、すっかりトラスの部材が込みになっていると感じる。実際にその姿を眺めていると、保存修復という概念は一体なんなのかと、ムズムズしながら考えてしまう。

全てのものがオリジナルの姿でなければならないということはない。新たなランドマークとしての価値を獲得しようと、思い切った方針とすることもあるだろう。耐震補強がその建物の新たなキャラクターを生み出していることもある。なにを乗り越えてなにを伝えていくのか、そのコンセプトを共有することこそが重要なのだ。

補強部材がなければ、もはや韮山反射炉とは認識できないかもしれない。[伊豆の国市|2019]

建物を両側からがっちり掴むことで、他の建物にはない独自の迫力を獲得している。［松江市│2015］

水色のラチストラスと暗い色の躯体とのコントラストが冴え、さらに差し色の赤が映えている。外観の印象を根底から変える斬新で小粋な耐震補強。［福井市│2014］

2-3 駐車場

クルマのお宿

らせん状に連なる面に駐
車升をびっしり配置した立
体駐車場。スペース効率を
追求した結果、駐車時は少
し斜めに停める必要がある。
［福岡市｜2018］

都市の中に点在する駐車場をあらためて観察してみると、ある種の違和感が浮かび上がってくる。ヒトよりもクルマの都合が優先される施設。常に裏方に位置づけられ、メインになることはない施設。あらゆる場所に、あたかも仮の姿のように存在している施設。ヒトとクルマの交通モードが入れ替わるという重大な役割に比して、あまりにも軽い存在として扱われているのではないだろうか。

だからこそ、現代社会の矛盾が内包されているような面白さが感じられる。異なるスピードとスケールが交錯する場所であり、クルマ優先の造形がうみだす強靭さが見え隠れし、場のわきまえ方に奥ゆかしさにも似た魅力が光る。クルマを一時的に留保する空間は、都市の断面を少し引いた距離から眺めるための装置として機能しているのだ。

切り取られた都市風景

フラットなアスファルトに規則的で無機質なラインが引かれた様子をあらためて観察してみると、なんとも不思議な気分になる。その周りに目を向けたとたんに、個性的な風景が展開していることに気付く。なにしろ、視界の下半分が極端に単純化され、周囲の建物の表情は隙だらけなのだ。そしてそれは、仮の姿として一時的に現れた風景である可能性が高い。そこから変化が早い現代社会ならではの眺めを読み取りたい。

ビルの谷間にぽっかりと空いたスペースを利用した駐車場。新たなビルが建つまでの、一時的な風景。［仙台市｜2015］

わずか1台分の、しかも、ものすごく狭い駐車場。ほんのわずかな余剰地であっても、利益を生み出す場所になる。
［鎌倉市｜2017］

郊外のショッピングセンターの立体駐車場。この距離でジャンクションの上半分だけが切り取られて見える風景はなかなかのもの。［久世郡久御山町｜2013］

両側の壁面にかつてあった住居の形態が転写された空き地。文字通り、街の断面を観察することができる。
［射水市｜2014］

どうしてこのような形になったのかが全くわからない駐車場。土地利用形態の緩衝材としての価値もある。
［船橋市｜2013］

遠慮がちな立体造形

高密度な都市の中で、クルマのための空間を低コスト
で確保することは容易ではない。このため、一カ所に
集約して垂直方向に重ね、スペース効率を高めること
は当然の成り行きと言える。それは、交通と構造を
根拠とする経済的合理性が現れた形態となり、安心感
や快適性が求められるヒトのための建物のようには
ならない。高級な外装材で全身を着飾ることはあまり
なく、まれにエクスキューズとしての緑化が施される
程度だが、夜間にそこから漏れる光にはハッとする。

スロープと駐車升を兼用し
ている立体駐車場は、その
形がゆがんで見える。じっく
り見ていると、平衡感覚が
損なわれてくる。[佐倉市|
2012]

装飾と植栽で着飾っているものの、むしろ立体駐車場特有の朴訥さを強化しているかもしれない。[江東区|2015]

思い切った重厚感を出している事例。ここまで踏み込んでデザインすると、潔さとかっこよさが生まれてくる。[ロッテルダム|2015]

昼間には気付かなかった駐車場の魅力が、夜になるとふっと幻想的に現れてくることがある。[千葉市|2012]

ぐるぐるスロープ

フロアを行き来するらせん状のスロープはそれほど
頻繁に見かけるものではないが、水平な駐車スペース
を最大化する方法のひとつ。ヒューマンスケールを超
える巨大で滑らかなラインが、一定のリズムを心地よく
刻む。そこには、ヒトに媚びない強靭な魅力が宿り、
いきなり主役級のランドマークになる。駐車場ならでは
の魅力をしっかり受け止めたい。

駅周辺の風景を飾るシンボ
リックなぐるぐるタワー。人
の往来が直接見えずとも、に
ぎわいのようなものが生まれ
ている気がする。［千葉市｜
2021］

ベネチアの街は車両が進入
できない。うっかり車で行っ
てしまっても、島への入口
にある幻想的な駐車場に停
めることになるので、安心だ。
［ベネチア｜2012］

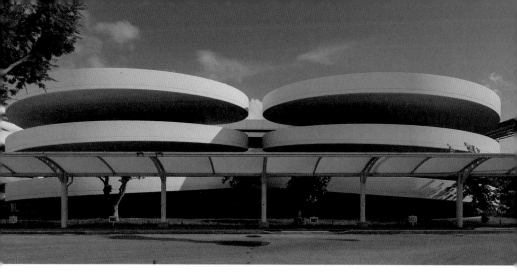

那覇空港にあるグッゲンハイム美術館風のぐるぐるスロープは、沖縄リゾートの起終点に欠かせないアイテム。
［那覇市｜2017］

直線で構成された高層ビルの渓谷の中で、個性的な存在感を醸し出しているスロープ。対比的な風景が、その魅力を再認識させてくれる。
［大阪市｜2014］

公園から豪快な姿を眺められる駅近物件。フレームの奥にあるスロープの存在は、両脇の広告看板を凌駕している。［福岡市｜2014］

スロープのラインを追うように首を回しながら見上げていると、サイケデリックな陶酔感を味わえる。目が回っているだけかもしれないが。
［アムステルダム｜2014］

魅せるためのアイテムとしてぐるぐるスロープを大胆に配置しているオフィスビル併設の駐車場。極めてクールな外観を獲得している事例。
［チューリッヒ｜2016］

オーバル型のぐるぐるも魅力的だ。斜めのラインが重なる様子を見上げていると、平衡感覚が失われていく快感が味わえる。[高崎市|2016]

吹き抜け空間の外側に設けられたスロープの定着部がらせん状に連なっている。駐車場の一部とは思えない、宗教的あるいは科学的空間だ。[千葉市|2013]

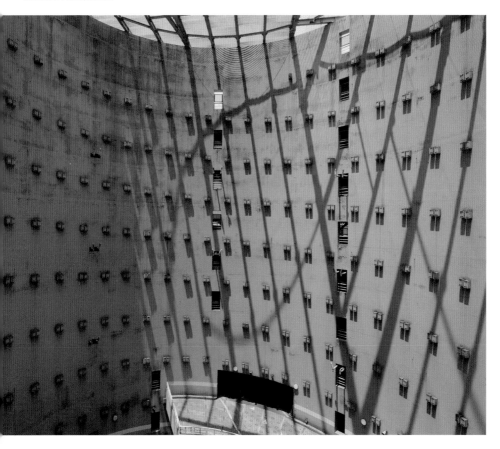

見えてないランドマークタワー

そこそこの規模の街には、たいてい立派なタワーがそびえ立っている。電気通信事業者、放送局、官公庁などが所有する通信設備だ。しかし、多くの人が目にしているのに、ほとんど見られていない。見えない電波をやりとりする役割を担っているのだから、タワー自体が見えてないことも妙に納得してしまう。しかし、これらをよく見てみると、成り立ちや表情がそれぞれ異なっていることに気付く。写真を並べると神経衰弱ゲームができるのではと思えてくるほど、豊かなバリエーションがあるのだ。通信鉄塔の多くは、建物による遮断や電波干渉を避けるために高い塔状になり、パラボラアンテナなどの設備を設置しメンテナンス作業をするためのプラットホームが数段取り付けられている。それらは搭載される設備や鉄塔自身の荷重はもちろん、風や地震などの影響を考慮して設計され、固有の姿を獲得している。さらに、通信技術の進歩に伴う電波の利用形態や周波数帯の変化、光ファイバー網の整備、周辺の建物の高層化など、取り巻く環境が大きく変化しているため、設備の更新や塔そのものの統廃合が頻繁に行われているようだ。このため、時系列の変化をフォローしたくなる。

これらは全国各地の都市で鑑賞できるため、コレクションしやすい。特に正面または45度から撮影すると、それぞれの特徴が明確になる。ただし、撮影ポイントを見つけるのは、それなりに苦労する。建物や電線がかぶったり、近すぎたり、遠すぎたり。さんざん歩き回った後にコレクションに加えることができると、自然とテンションが上がり、結果的にその街のことが好きになる。

[千代田区|2019]

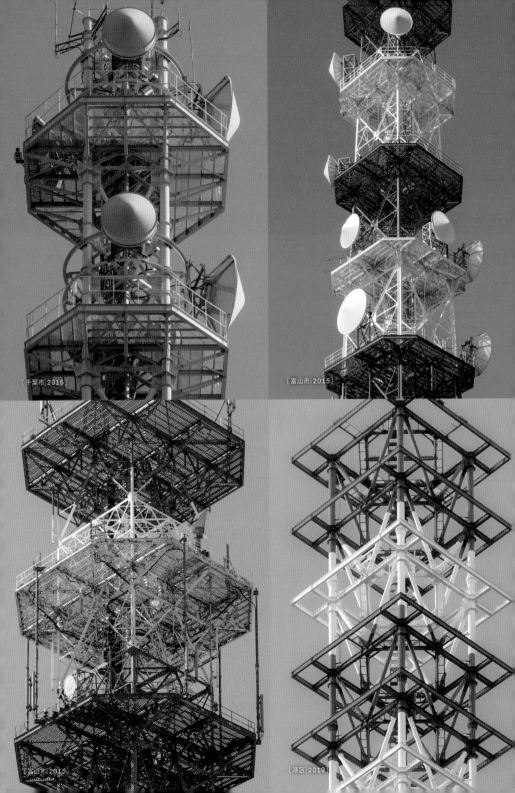

[千葉市|2016]

[富山市|2015]

[富山市|2015]

[港区|2019]

［新宿区｜2016］

［宇都宮市｜2016］

［千葉市｜2016］

［横浜市｜2016］

［松江市｜2015］

［那覇市｜2017］

［八戸市｜2019］

［水戸市｜2017］

［富山市｜2015］

［倉吉市｜2015］

［仙台市｜2015］

［那覇市｜2017］

［千葉市｜2016］

［千葉市｜2016］

［札幌市｜2015］

［港区｜2019］

[山口市│2019]
[仙台市│2015]
[鹿児島市│2017]
[大分市│2020]
[宇都宮市│2016]
[鹿児島市│2017]
[仙台市│2015]
[土浦市│2017]
[熊本市│2017]
[熊本市│2017]
[鹿児島市│2017]
[鹿児島市│2017]

都市のエッジのピクセル画

都市は物流の要衝に形成される。特に近代においては、海上輸送の拠点である港湾を中心に発達してきた。港湾は世界に開かれた都市の顔でありながら、日常の都市生活を支えているのだ。それにもかかわらず、一般人は容易に立ち入ることができないエリアが多い。その規模が大きくなるに従い、都市のバックヤードとしてどんどん市民生活から離れて、リアリティが失われるように感じる。

コンテナターミナルという存在は、まさにそう。外国貨物の保税地域として立ち入ることは禁じられ、コンテナを外側から見ても、なにが運ばれているのか全くわからない。多様な形態の貨物を合理的に運搬可能にした物流システムは、もののやりとりの風景を粒度が粗いコンテナというピクセル画で描き直し、見事に抽象化したのだ。

万国共通の規格でつくられた色とりどりの四角い物体が広大なヤードにおかれている風景は、まるでピクセル画のような抽象絵画だ。

［静岡市｜2012］

規格化の意味

産業革命以降の工業社会において、規格化はラストスパートの段階と言えるだろう。ISOやJISなどにより、さまざまな部品や制度の規格化が進められたことで、生産効率は格段に上がった。そして、物流の世界がコンテナにより規格化されたことで、工業社会はまさに完成形に至ったのではないだろうか。

そしてこの規格化は、誰のものかもわからない大量の箱を港に積み上げていった。それらが生み出す豊かな表情を視覚的に楽しむことは、とても建設的だ。

色とりどりのコンテナが積まれた風景を目の当たりにすると、巨大な抽象絵画の中に紛れ込んだ気分が味わえる。
[ロッテルダム｜2011]

コンテナターミナルの内部にはそうそう簡単に立ち入ることはできない。高い場所から中の様子をうかがい知ることができる場所は貴重だ。
[品川区｜2015]

冷却装置や断熱材を装備した白い「リーファーコンテナ」を見かけると、なんとなく得した気分になる。[ロッテルダム|2011]

東京港に展開する広大なターミナルのほんの一部。どんな貨物で、どこから来てどこに行くのか、知るよしもない。[江東区|2015]

世界各地の大きな港湾には、観光クルーズ船が就航していることが多い。コンテナターミナルを眺めるいい機会になるだろう。[ロッテルダム|2011]

必殺技的ネーミング

専門用語の中には必殺技のような響きを持つものが多いが、コンテナにまつわる用語は抜きんでている。まずは、コンテナを移動させる「ガントリークレーン」「トランスファークレーン」「ストラドルキャリア」「トップリフター」。優れた技術がある人しかなれないという、ガントリークレーンを操縦する人を指す「ガンマン」。コンテナを固定する部品の「ツイストロック」。だまされたと思って、実際に大きな声で発話してみよう。必要以上にテンションが上がり、自分が強くなった気分になれるだろう。

巨大なガントリークレーンの上からコンテナの積み下ろしをするエースパイロットは、ガンマンの称号を与えられる。［アントワープ｜2011］

コンテナターミナルの中で積み替えを行うトランスファークレーン。ゴムタイヤの無軌道のものと、レールの上を走行するものがある。［射水市｜2010］

コンテナ船から荷を降ろすための巨大装置であるガントリークレーン。この界隈で一番強い。通称、キリン。[江東区|2015]

比較的小回りを効かせて積み替えを行うストラドルキャリア。小さく見えるが、実際にはコンテナを跨いでいるだけに巨大。[アントワープ|2011]

フォークリフトを大型化したようなトップリフター。最も小回りがきくが、人に比べればやはり巨大。[品川区|2015]

コンテナ船はどんどん大型化し、国家間の競争も激化している。シンガポールでも巨大ターミナルが新たに建設され、すでにここから移転している。［シンガポール｜2014］

コンテナが変えた世界

1950年代に登場したコンテナという箱は、物流コストを圧倒的に引き下げた。それにより「舶来もの」の付加価値が下がり、調達や製造の方法が変わり、工業生産のあり方が根底から覆された。数十年前までは、コンテナがもたらしたグローバル・サプライチェーンが巨大メーカーの存亡を

現代の港湾は地域性がな
くなり、グローバライズした。
この写真だけを見ても、カ
タルーニャの雰囲気は伝
わってこない。[バルセロナ|
2011]

左右することを、多くの人はそれほど意識していな
かっただろう。

現代では、大型のコンテナ船が接岸できない港湾
は、国際競争の荒波に揉まれて、あっという間に
陳腐化すると言われている。グローバルな物流に
おいては、ハブ港湾としてコンテナの積み替えが

できることが重要なようなのだ。

大きなコンテナターミナルを持つ都市を訪れたら、
世界に通じるロジスティックスケープを鑑賞して
みよう。物流から世界を眺めるスケールの大きな
視点を獲得できるかもしれない。

トランスフォームドボク

国土のおよそ4分の1が海抜0m以下と言われるオランダ
は、地形的な拠り所のない低湿地がどこまでも続いている。
そこに暮らす人々は風車というインフラを活用し、長い時間
をかけて干拓を繰り返しながら、水と付き合ってきた。そうし
た高低差がほとんどない土地だからこそ、輸送効率に優れる
運河が発達してきたのである。その一方で、道路も通したい
けど、運河を通る船の邪魔はできないというジレンマも生じた。
それを「自らが動く」というアクロバットで解決するのが
「可動橋」だ。

オランダ国内に大量に存在する可動橋は、土木構造物は
動かないという思い込みを、変形ロボのごとく盛大にトランス
フォームする姿で軽々と覆してくれる。しかも、水平線が卓越
する土地で培われた自由闊達で寛容なオランダ人の精神性
が、デザインにも投影されている。つまり、ユニークそのもので
あり、バリエーションも豊かなのだ。オランダ旅行のプランは可
動橋を中心に据えるべきだ、ということにしたい。

さらにより強烈な可動橋体験を味わうには、隣国ベルギーの
工業都市・アントワープの港湾クルーズが最適だ。いくつも
の無骨で巨大な可動橋が、クルーズ船のために次々と跳ね
上がる様子を眺めて、認識の混乱を楽しもう。

非日常
COLUMN 04

ラッピング名所

ウキウキしながら海外の街を訪れたものの、お目当ての有名観光スポットは補修工事のために、足場と養生シートですっぽりと覆われていた。ここを重要な目的地に設定して、綿密な旅の計画を立ててきたのに。歴史を重ねた風合いやゴージャスな装飾をじっくり鑑賞したかったのに。有名な名所を背景にした記念写真をSNSにアップして、みんなに自慢したかったのに。ときどきそんな話を耳にするが、残念に思う必要などない。むしろ、その都市の歴史が適切にアーカイブされる現場に立ち会えたことは、とても幸運なのだ。そう思い込んで、ラッピングされた姿を積極的に撮っておこう。それは、みんなが知っているガイドブックの写真とは全く異なる眺めであり、自分の旅だからこそ得られた貴重な記録である。

他者の記憶や記録を追体験するのではなく、自分自身の体験を重視する旅にシフトすると、それほど有名ではないラッピング物件にも反応できるようになるばかりか、うっかり名所に思えてくるから不思議だ。それを繰り返していくうちに、旅はますます楽しいものとなるのだ、ということにしたい。

そうは言っても、残念な気持ちになるのも逃れられない事実。その悔しさは、再訪の動機に変換していこう。

3
章

scale=

いつもは見えないもの

消波ブロック

放水路・調節池

砂防

鉱山

ダム

海岸のクローン兵

港湾のヤードで規律よく並
んで出陣を待つ大勢の消波
ブロックたち。これからどこ

日本は海に囲まれた島国である。このため、国土の外周全体が地球規模の自然現象（津波、高潮、波浪など）に晒され、海岸線の浸食、砂浜の消失、交通の分断、家屋の流失、人命の喪失などの被害が古来より延々と繰り返されている。人々の日常を維持するには、海岸の防護が不可欠なのだ。

海岸保全事業では、陸側に防波堤や防潮堤、沖合に離岸堤や人工リーフなどの人工物を構築することが多い。そこで頻繁に登場するのが、消波ブロックというコンクリートの塊だ。それらは、単体ではなく群れをなした集合体で本領を発揮する。

ところが、消波ブロックを対処療法的に用いた整備は、その場所に固有の生態環境や風光明媚な海岸景観を損なうこともある。ベターな解ではあるけれど、ベストとは言い難いところに、消波ブロックの悲哀がある。

多彩な軍団

コンクリートは型枠次第でどんな形にもなる。しかも、型枠が何度も転用できる材質であれば、同形状のものを大量に生み出すことができる。そうした材料特性を端的に示しているのが消波ブロックだ。

実際にいくつものメーカーが多様な製品ラインナップを揃えており、その形態のバリエーションを眺めていると興味がかきたてられる。さらに、単体の造形の完成度はうっとりするほど高い。陸上で待機している素敵なブロックが海に沈められてしまうなんてもったいないと感じつつ、その造形の面白さを楽しみたい。

立体型だけでなく、根固ブロックと呼ばれる平型も、近い機能を持つものとして存在している。これを敷き詰めている護岸もある。[木更津市|2009]

異なる種類の消波ブロックが積層している。その手前には摩耗したコンクリート塊も見られ、何度も更新されていることが伺える。[滑川市|2014]

矩形の脚が6方向に突き出た消波ブロックによる離岸堤。いずれは荒波で隊形がくずれるのだろうが、ものすごく丁寧に積まれている。[下新川郡入善町|2014]

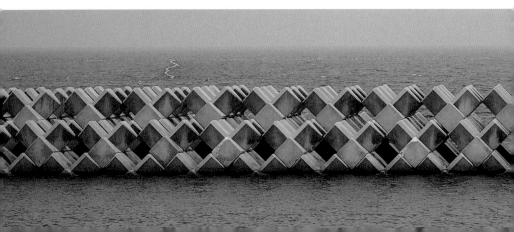

4つの脚が突き出たスタンダードな消波ブロックが三重に積まれている。よほど高波や海岸浸食の被害が大きな場所なのであろう。[滑川市|2014]

連続する海岸線でも、消波ブロックの形状の違いによって、工区の違いを実感する。[黒部市|2014]

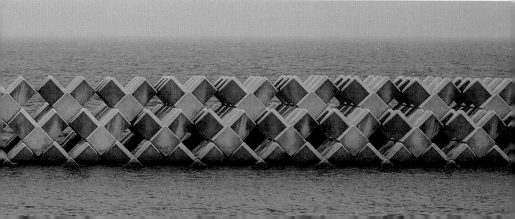

木製ではなく、転用可能な鋼製の型枠を用いることで、養生や輸送に都合のよい場所で、必要な数量の消波ブロックを量産することができる。[横須賀市|2013]

2つの勾玉が組み合わさったようなフォルムが、艶めかしい曲面を生み出している。商品名は「ジュゴンブロック」だ。[稚内市|2013]

ジュゴンブロックの型枠にはFRPが用いられている。その外観にはパンクロックファッションのような迫力が宿っている。[稚内市|2013]

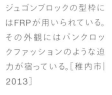

X字の根固ブロック。安定感がある大きな体と、二段重ねになった圧倒的な数の多さから、頼もしく見えてくる。[神栖市|2010]

「テトラポッド」とは、商品名のことである。もともとフランスで開発されたものであり、そう言われてみると、なんとなくオシャレな気分になってくる。[横須賀市|2013]

中空の正四面体のフォルムを持つ消波ブロック。他の形状も同様だが、あえて空隙をつくることで海洋生物のすみかになることも意図している。[いわき市 | 2015]

多数の三角形が複合したメカニカルな形態はSF的な未来感があり、とても強そうだ。[横須賀市 | 2013]

港湾の防波堤や護岸に用いて反射波を少なくする直立式消波ブロック。ヤードにずらりと並ぶクローン兵のような様子は圧巻だ。[千葉市 | 2012]

果てなき消耗戦

波の力はとても強い。あれほど強くて重い消波ブロックたちを、いとも簡単に移動させる力を持っている。それでも消波ブロックたちは長い年月にわたり海岸を守り続ける。

不意に訪れる荒波に揉まれて疲弊し、お互いの体をぶつけ合って摩耗し、体を構成している砂や砂利に強制的に戻される。そして、人知れず次の世代に交代していく。なんとも言えない悲壮感が漂う消耗戦だ。

だからと言って、消波ブロックたちはみんなに憐れんでほしいわけではないだろう。日常の維持という目的に愚直に向き合っているのだ。

摩耗して角が取れて丸くなった消波ブロックたち。自然の環境の中では、コンクリートは意外と柔らかいという事実を教えてくれている。
［糸魚川市|2013］

老いて痩せ細った正四面体の消波ブロックたち。穏やかな海を眺めながら、なにを想っているのだろうか。[黒部市|2014]

無愛想な守護者

かつての荒川の下流は隅田川そのものであり、水害が頻発していた。このため1930（昭和5）年に人工河川「荒川放水路」が新造されて本流が変わり、今ではこの写真にある岩淵水門が隅田川の水位をコントロールしている。[北区|2017]

大陸東縁に寄り添う細長い弧状列島である日本の自然環境は、急峻な地形と降水量の多さが際立っている。太古から雨が山を削って谷をつくり、その土砂が下流に堆積して平地が生まれた。そこに人が住み、やがて都市が形成された。そこで暮らす人々の営みを維持すべく、半ば強制的に川の流向・流速・流量などが制御されるようになったのだ。

その治水システムの一部に、本来の河道ではない場所に掘られたバイパスである放水路や、大量の雨水を一時的に貯留する調節池などがある。それらは非常時において、自然の営みに反する大胆な行動を取るが、常時はとても静かに、無愛想にしている。しかも、そのスケールの大きさに起因する違和感を消すことはできず、なんとも不思議な存在感を放っていることも見逃せない。

水を流す

河川の容量を超える雨が降ると、越流や破堤などが起こり、洪水被害が生じてしまう。特に狭隘部、屈曲部、合流部などは水の速度が落ち、渋滞のような状況が起きやすいので、危険度が高まる。

このため、放水路や分水路と呼ばれるバイパスを地表や地下に設けて、雨水をすみやかに流すための大手術を施すことがある。当然のことながら、そのためにかかる経済的コストはたいへんな額に上る。「水を制する者は国を制する」という言葉は伊達ではないのだ。

神田川には洪水被害を低減するためのトンネルがいくつか設けられている。お茶の水分水路は、秘密の入口の雰囲気に満ちている。［文京区｜2012］

長崎の中島川では、有名な眼鏡橋を含む石橋群を現地保存するため、両岸に分水路が設けられている。［長崎市｜2018］

川内川中流域にある名勝・曽木の滝は、洪水時に文字通りボトルネックとなる。そこを迂回するために、岩山を荒々しく削り取った分水路がつくられた。［伊佐市｜2017］

水を流さない

放水路や分水路はすみやかな排水を促すものだが、雨水を巨大なプールに流し込んで蓄える施設もある。それは洪水調節施設と呼ばれ、主に山地にあるダム、あえて氾濫させるエリアとして設定された遊水池、雨水を一時的に貯留する調節池（宅地開発者などが設置するものは調整池）などがある。

近年では、都市内の道路直下などに地下調節池を設けることも増えてきた。莫大なコストがかかる地中にフロンティアを求めざるを得ないほど、地上では雨水を捌ききれない状況なのだ。

住宅地の中にも一時的に水を貯留する空間がぽっかり生まれていることがある。日常と非日常が交錯する奇妙な風景は、防災を考えるきっかけになる。[横浜市｜2013]

目黒川の荏原調節池。集合住宅の地下に4層にわたる巨大な貯水施設があり、名実ともに地域の生活を支えている。[品川区|2010]

道路トンネルと同じように、掘削しながら壁体を構築するシールドマシンによってつくられた円形断面の雨水幹線。人知れず、ひっそりとゲリラ豪雨と戦っている。[千葉市|2009]

雨水幹線を構成するセグメント(壁体のパーツ)にはコンクリート製と鋼製がある。どちらの眺めも魅力的だが、施設が稼働すると容易に立ち入れない。[千葉市|2009]

地下神殿と呼ばれる空間は調圧水槽という施設であり、広域に及ぶ治水システムのごく一部だ。ヒューマンスケールをはるかに超えるシステムに驚嘆する。[春日部市|2016]

常時限定の観光地

人は自分の理解が及ばないものに神を見出す。地下に埋め込まれ約67万m³の貯水が可能な「首都圏外郭放水路」。その訳のわからなさに対する畏怖の念は、「地下神殿」と呼ばれていることからも伺える。

来たるべき日に備えている間、つまり日常の時間

施設の本体は延長約
6.3kmの地下河川と、深
さ70mにもなる5つの立坑
(垂直に掘削されたトンネ
ル)だ。写真の階段からス
ケールが読み取れるだろう。
ここにとてつもない量の水
を蓄えることができる。[春
日部市 | 2019]

を、無為に過ごしているわけではない。コンクリー
トの圧倒的で静謐な巨大空間は、映画やPVのロ
ケ地になっているばかりか、すっかり人気の観光地
となり、多くの人の感動や笑顔をクールに生み出し
ているのだ。日常と非日常の様相は対照的だが、
真のヒーローとはそういうものだろう。

特定の目的でつくられた公共施設を観光対象の
ツールとして用いることは、それなりにハードルが
高い。しかし、首都圏外郭放水路が挑んでいる「イ
ンフラツーリズム」のように、市民に開かれた土木
施設のあり方を模索すること自体が、成熟した社
会の形成に向けて大きな礎となるに違いない。

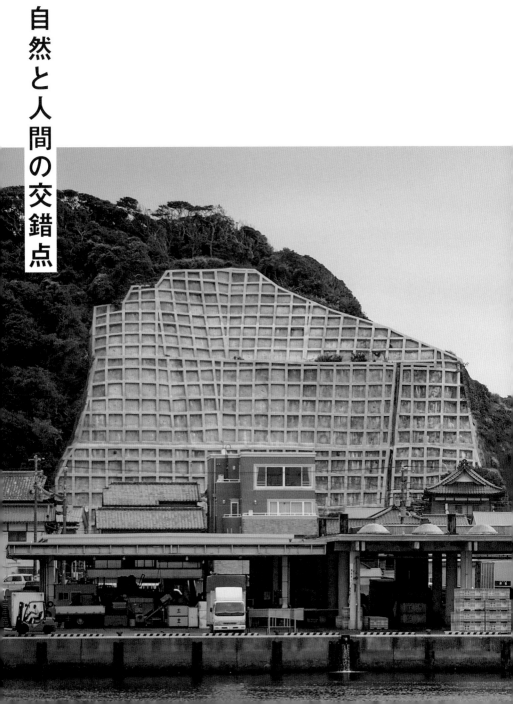

自然と人間の交錯点

人が陸地における活動の場を広げ続けてきたことで、地震などの地象や豪雨などの気象をきっかけとする土砂の移動と交錯する状況、つまり崖崩れや土石流といった土砂災害が顕在化している。それは直接的な被害のみならず、河川の堆積物の増加による下流域の洪水も引き起こしかねない。

このような桁外れの自然の力に対して、できるだけ土砂を人為的にコントロールし、災害の拡大を防ご

うとする総合的な技術が「砂防」だ。具体的には、山林の保護、傾斜地の補強や緑化、河床や護岸の強化、ダムによる土砂の貯留などが挙げられる。国土面積の7割が山地の日本において特に発達し、"sabo"という言葉は国際的に用いられている。日常では「動かざること山の如し」だが、非常時は不意に山が動く。その事実を対処療法的な風景を眺めながら受け止めたい。

海岸線まで迫る山地を背に、どうにか活動できる平地を生み出した風景。いわゆる砂防事業ではないが、山を切った斜面を強化しなければ大きな災害に直結してしまうという意味では同質だ。[勝浦市|2017]

動く大地を止める

日常生活がそれなりに安全であることは、安心感につながる。そこから信頼感につながればいいのだろうが、現代の都市生活を送っていると、忘却という事態が招かれることが多い。それは心の平穏を保つための正常性バイアスの働きかもしれない。

しかし、現実世界はそれほどうまく行かないのが常だ。山が多い日本では、実際に土砂災害が頻発している。だから、土砂の発生そのものを抑制していく必要がある。その対策のひとつが山腹工（さんぷくこう）と呼ばれる斜面の崩壊の拡大を抑止するための工事だ。

あまり目にしたことがないゴツゴツした緑の斜面。風化が激しい斜面の表面にワイヤーネットを張り巡らせて緑化し、保全している。[中新川郡立山町|2014]

ダム建設の際に生まれた斜面の安定化のために、コンクリートのフレームに加えて、多数のロックボルトを打ち込んで岩盤を強化している。[薩摩郡さつま町|2017]

さまざまな工法がパッチワークのように入り乱れている斜面。崩壊した斜面の手当ては、一筋縄ではいかないことを実感する。[薩摩郡さつま町|2017]

立ち入りが禁止されている立山カルデラ周辺では、自然に山が崩壊していく原初的な光景に遭遇する。[中新川郡立山町|2014]

コンクリートのフレームで補強された斜面。自然に対する人為の過剰な介入のように見えるが、自然の脅威の輪郭を必死に浮かび上がらせているのだ。[糸魚川市|2014]

土砂を受け止める形

発生した土砂を受け止める砂防ダムには、その役割や立地環境などに応じた、数多くの種類がある。谷底が削れないように土砂を貯めるもの、ある程度の土砂と水を通すもの、コンクリート製のもの、鋼製のもの、ブロック状のもの、ワイヤー状のもの、さまざまな事例を眺めてその形式になった理由を妄想しながら鑑賞しよう。なにを防ごうとしているのか、どのくらい緊急性が高いのか、どうやって資材や重機を搬入しているのか、そんなことを調べながら、観察の解像度をあげていきたい。

不透過型の砂防ダムは、土砂を貯めてからもいい仕事をする。階段状になることで川底の勾配が緩くなり、大量の土砂が一度に流れ出ることを防ぐのだ。[中新川郡立山町|2014]

透過型の砂防ダムは、下流の環境を維持するため日常的な土砂は流すけれど、非日常の土石流はしっかり受け止める。その後に土砂や流木は取り除かれ、次の土石流に備える。[北安曇郡小谷村|2013]

コンクリートブロックで構成された堤体。既存の砂防ダムが貯めた土砂の上という弱い地盤の場所につくられたため、柔軟性が求められたのだ。[北安曇郡小谷村|2013]

地震で崩れた土砂の流出を防ぐため、緊急的に整備された鋼製の円筒による砂防ダム。国道のすぐ脇にあるが、うっかり見とれないようにしたい。[中魚沼郡津南町│2014]

「スーパー暗渠砂防ダム」という大迫力の名称を持つ形式。大小の曲線がユニークさや親近感を生み出しているが、本人は真剣そのものだ。[北安曇郡小谷村│2013]

透過型なのに不透過型の
フォルムを踏襲している珍
しい堤体。つくっている途
中で気が変わったのだろ
うか。[北安曇郡小谷村|
2013]

ワイヤーロープとリングネット
で構成された、極めて柔ら
かい砂防ダム。もちろん土砂
が貯まったら取り除かなけ
ればならない。[北安曇郡小
谷村|2013]

森林の機能を高めることを
目的とする治山ダム。所管は
国土交通省ではなく、林野庁
だ。その中には木製のものも
ある。[南秋田郡五城目町|
2015]

第二号石堰堤
1886（明治19年）
内務省施工

明治時代につくられた石
積みの砂防ダム。今も現役
で働いている。日本の近代
化は、砂防技術なしには進
まなかったのだ。[松本市|
2013]

激しい土石流により何度も
被災しているため、新旧のさ
まざまな形式が入り組んだ、
満身創痍の姿になっている。
心から応援したい。[中新川
郡立山町|2015]

落差が激しい場所は、砂防
ダムが階段状に連なること
がある。多段の人工滝が流
れのスピードを落とすととも
に、貯まった土砂の重みで
谷の斜面が崩れにくくなる。
[妙高市|2014]

大きな穴

人類は有史以前から穴を掘り続けてきた。断熱性や保温性のある住処として、生活で出た廃棄物を埋める処分場として、死者を弔い大地に還す黄泉の国として。そして、文字通りの意味で大地の恵みである石材、金属、化石燃料などのさまざまな鉱物資源を求めて。

地球の一部を削り取り、それらを消費することによって、ようやく現代社会の日常が成り立っているという現実。途方もなくスケールの大きい穴の風景を眺めながら、自分たちの生活との距離感に思いを馳せる。すると、莫大な自然の恩恵に見合う水準で、我々は文明や文化の質を高められているのかという問いを、正面から突きつけられた気分になる。

数億年前の生物に由来し、コンクリートの材料にもなる石灰石を産出する露天掘り鉱山。石灰石は日本国内で100％自給できる数少ない鉱物資源だ。[美祢市｜2019]

古来より信仰の対象だった
武甲山の山頂は、石灰石の
採掘によって削り取られて
いる。その独特な様相は、
他にはない象徴的な景観
をつくっている。[秩父市]
2012]

文明の基盤

科学と信仰が一体だった頃、莫大な利益や強力
な軍事力につながる錬金術に魅せられて、地下資
源の採掘技術や規模は拡大していった。やがて、
蒸気機関がもたらす動力と効率的な火薬がもた
らす爆発力により、鉄鉱石や石炭をはじめとする
鉱物資源の大量採掘や大量輸送が実現し、産業

上空を飛ぶ旅客機からも武甲山は識別できる。平地や川との関係からも、街の産業を支えてきたシンボルであることが感じ取れる。[秩父市|2013]

革命という構造変革が一気に加速した。現在も大地の中に眠っている地下資源を獲得するために、多様な方法で穴を掘り続けている。

このように、人類の文明は大地を削らなければ成立し得なかった。おそらくこれからも掘り続けなければならないだろう。しかし、地球から一方的に搾取する地下資源は有限だ。一時期はあまり振り返られなかったその不可逆性に、真摯に向き合っていかなければならない。

鉱山の姿は、まずその異観に目を奪われる。それをより深く味うために、時空のスケールを大きく捉え、背景にある文脈を想像しよう。

日本橋、東京駅、東京市電軌道、最高裁判所など、由緒ある建造物に使われてきた稲田石の採石場。この穴から近代日本が生まれたと思うと感慨深い。ちなみに現在は休止中で地下水が浸かっている。[笠間市│2014]

歴史ある高級石材として名高い庵治石の採石場。おそらく山の姿は変わり続けているのだろう。それもこの地域特有の景観として受け止めよう。[高松市│2014]

畑の中に忽然と現れる立坑。大谷石という軽くて柔らかい石材の採石場だ。この地域の地下には、採石跡の超巨大地下空間が無数に形成されている。[宇都宮市|2014]

高速道路の直上にある鋸山の稜線は、自然とも人工ともつかない様相が観察できる。ここは房州石の採石場跡地であり、観光地にもなっている。[富津市|2012]

エネルギーの抽出

地球は人類に化石燃料という形でエネルギーを分け与えてくれている。その壮大な眺めは、大きな矛盾も突きつけてくる。

低品位の石炭である褐炭が地表付近に多く存在するドイツ西部の地域では、広大な露天掘り炭鉱が展開している。そして、すぐ脇につくられた火力発電所で褐炭を燃やし、大きな電力を得ている。この仕組みは二酸化炭素の排出などの環境負荷が高く、環境先進国のドイツにとっては大きなジレンマだ。環境問題を直視するにふさわしい風景は、やがて見えなくなるだろう。

掘り起こした褐炭を搬送するベルトコンベアーが集積する様子。どこまでも広がる巨大な穴に圧倒される。[インデン|2011]

褐炭は隣接してつくられた火力発電所に直接送り込まれる。圧倒的なスケールの人工景観が展開している。[インデン|2017]

電力会社が主催する見学会に参加すれば、バケットホイールエクスカベーターを至近距離で堪能することができる。[ユッヒェン|2011]

広大な範囲に広がる褐炭の層を、バケットホイールエクスカベーターによって掘り起している。[ユッヒェン|2017]

バケットホイールによって削られた大地は、世界最大の彫刻と言ってもいいのではないかと思うほどの、見事な造形作品を生み出している。[ユッヒェン|2017]

山奥の実家

1930（昭和5）年の竣工当時は東洋一のダムと言われた水力発電用の小牧ダム。堂々とした姿や風格のあるテクスチャーから、大きな包容力を感じる。[砺波市｜2013]

コンクリートジャングルたる大都会の喧騒から逃れるために、山に向かってひたすら車を走らせた。カーブが続く渓谷沿いの道を軽快に登り、窓を開けて豊かな緑と清涼な空気を堪能していると、突然、目の前に巨大なコンクリート面が出現した。

ダムを観察しながらその役割に思いを馳せると、下流に点在する都市の幻影を発見できる。飲料のみならず農業や工業に用いるための水資源の確保、安定的なクリーンエネルギーである電力の創出、たびたび発生する豪雨による洪水災害の低減など。ダムが請け負っている仕事は数多い。

ダムはさまざまな方法で都市を支えているのに、都市生活者はいつも意識しているわけではない。でもダムはことさら自己主張しない。むしろ、ピンチの時だけ頼ってくれればそれでいいと思っているだろう。なにしろ、みんなの実家なのだから。

総合土木の鑑賞

ダムは特別感がある総合的な土木事業だ。なにしろ地域の振興や流域の安定を図るために、新たな人工環境を自然の中につくり出すのだから。そのため、影響が及ぶ範囲は広く、莫大な時間や費用がかかる。例えば、湖底に沈む集落とそこでの生活に関する補償、樹林や渓谷の消失による生態系への影響、道路などのインフラ施設の大規模な付け替えなど。それゆえ、ダム事業が生み出した環境を、長い時間をかけてしっかり見届けていく必要があるだろう。できれば、楽しむ観点を持ちながら。

堤体の下流面の様子はダムの顔だ。凛とした姿の苫田ダムでは、さまざまな対象が「見る・見られる」関係を意識しながらデザインされている。[苫田郡鏡野町|2015]

上流面の様子はダム湖の対岸から見ることができる。要素それぞれの形に機能的な意味がある。[苫田郡鏡野町|2017]

多面体で構成されているか
のような堤頂部の造形が印
象的。「ラビリンス型自由越
流式堤頂」という名称にも
そそられる。[苫田郡鏡野町
|2015]

まるで橋のような構造の管
理庁舎や、植生が復元しつ
つあるのり面も注目ポイン
ト。風景への収まりがいい
要素は、うっかり見逃してし
まいやすい。[苫田郡鏡野町
|2015]

湖面を跨ぐ橋梁、トンネル坑
口、のり面の緑化、ダム湖を
取り囲む付け替え道路も、
重要な鑑賞ポイントだ。さ
らに、湖畔の公園緑地も要
チェック。[苫田郡鏡野町|
2015]

洪水調節容量を増加させるための再開発が行われていた鶴田ダム。堤体に開けられた穴から伸びるパイプや堤頂につくられた足場など、まるでマッドサイエンティストの手による超巨大サイボーグだ。［薩摩郡さつま町｜2014］

宿命を乗り越えて

ダムは時間的にも空間的にも大きな存在感がある。それゆえ、おいそれとつくり直すわけにはいかないし、壊すこともままならない。しかし、容赦なく流入する土砂は、ダムの機能を低下させる。

このため、ダム湖底の堆砂を取り除くメンテナンス工事を大々的に行い、本来の機能を取り戻すこと

がある。さらには、貯水量を増やすための堤体の嵩上げや、土砂の堆積を防ぐための排砂機能を付加する、いわゆる再開発によって機能をより強化することもある。

そうやってダムを大切に使い続け、長い時間を共にすることで、地域の文化が形成されていくだろう。

1938（昭和13）年につくられた白水溜池堰堤。農地を潤すための湖水が、石貼りの堤体表面を滑り落ちる際に空気を含み、絶妙な文様を描く様から、「日本一美しいダム」と評されている。近年堆砂を取り除く工事が行われ、使い続けられている。［竹田市｜2012］

スイスアルプスの峠付近にあるグリムゼルダム（1932年）は、直下に建設される新しいダムによってやがて水没する。これほど巨大な人工構造物にも新陳代謝が作用するのだ。［グッタネン｜2011］

境界に現れるノイズ

ダムの堤体が地盤に定着する部分を「フーチング」と呼ぶ。じっくり観察していると、ここにもダムの個性がにじみ出ていることがわかる。

フラットで無機的な堤体と複雑で有機的な岩盤、コンクリートの塊感と手すりや植生の繊細さ、シャープでダイナミックな陰と影、ブロックノイズのように不規則な階段。人工物と自然物の境界に現れたコントラストは、とても不思議な世界をつくり出している。

膨大な量の水が生み出す力を岩盤に伝えるため、必然的に力強い造形になりやすいのだろう。「巧まざる造形」に宿る面白さが、ここにも集約されている。

[薩摩郡さつま町|2017]

[札幌市|2013]

[秩父市|2017]

[ゴルドラ|2011]

[伊那市|2013]

[エルト・エ・カッソ|2012]

[利根郡みなかみ町|2013]

[大町市|2014]

［中新川郡立山町｜2014］

［札幌市｜2013］

［松山市｜2020］

［八戸市｜2019］

［松本市｜2013］

［秩父市｜2012］

［北杜市｜2013］

［愛甲郡愛川町｜2012］

［苫田郡鏡野町｜2017］

おわりに

都市をつくる断片の使命や葛藤について、妄想を膨らませながらつらつらと書き連ねてきた。それらは、一歩下がって日常を支えているという共通点があるものの、ひとつの本の素材としては、位置付けもスケールもずいぶん異なっている。この落ち着きのなさは、筆者がこれまで無意識に捉えてきた情景を、一気に棚卸しして並べてみたい気持ちの表れである。今回、本の形にまとめる機会をいただいたことで、自分の周りにフワフワと漂っていた都市に関するおぼろげな思考を、少しは意識できる状態になった。

インプットとアウトプットのコツ

まず、本書のビジュアル面を担う「写真」と、筆者との関わりを簡単に振り返ってみたい。

筆者は2000年代中盤にカメラのシステムをフィルムからデジタルへ移行した。コスト面の制約から解き放たれたことで、出張や旅行やまち歩きで気になった風景を、気軽に記録するスタンスが徐々に身に付いていった。もちろん、風景体験そのものを写真に押し込むことはできないので、あくまでもメモ代わりだ。その結果、これまで撮った写真は現時点で20万枚をゆうに超えている。

画像データは日付と場所だけを示したフォルダに入れて、時系列で閲覧できるようにしている。仕事資料の作成時はもちろん、気分を手軽に切り替えたいときや、旅に出たい欲求を一時的に留保する現実逃避など、さまざまな機会に過去の写真を眺める。その追体験を通じて筆者の脆い記憶を再構成しているうちに、いまや身体の一部を構成する記憶補助システムになってきた。

写真という半ば客観的な視覚情報を自分の中に再び取り込んでいくと、写真の中の対象が持つ意味にじわじわと変化が起きる。あたかも撮影者ではないかの

ように過去をトレースすることで、ようやく気になるものが顕在化し、見えなかったものが見えてくるような感覚が沸き起こる。それを意識的にキャッチアップしていくことは、実に楽しい。

もともとは記録の道具として捉えていた写真が、記憶を補完して醸成させる存在であることに気付き、やがて思考を続けるための器官になったのだ。

そして2000年代後半から、写真を撮るインプット作業と平行して、メモとしての写真をSNSなどに上げるアウトプット作業も行うようになった。写真を外に出すための情報通信技術は、思考を触発するきっかけもくれるし、なにかの概念が発酵するまで寝かせるのにも都合がいい。

たとえば、旅先で気になった風景の写真を、即時的にコメントを添えてTwitterに投稿する。考えをまとめたいときには、テキストとともにブログに投稿する。正方形にトリミングすると映えそうな写真は、体よく調整してInstagramに投稿する。よそ行きの活動報告をしたいときは、Facebookに投稿する。自分なりにあれこれモードを変えながら、各種サービスを外部記憶装置として活用している。キーワードを付記しておけば検索可能になって振り返りやすくなるし、自分のアウトプットを世間の目に晒すことで徐々にクオリティも上がる。

それを繰り返していくうちに、運良くある編集者がネットで見つけてくださり、『ヨーロッパのドボクを見に行こう』(自由国民社、2015)という、これも写真中心の書籍にまとめることができた。その他にも、楽しい仕事に結びついたことは数多い。自分の思考の断片を無作為にばらまくことで、誰かがそれをまとめる手助けをしてくれるなんて、ネット社会ならではの恩恵と言える。

真似る、収集する、旅に出る、引き返す

当然のことながら、「日常の絶景」に思いを馳せるには、写真によって記憶を
補強しつつも、まずは実空間で興味をそそる風景に出会う体験が不可欠である。
とは言え、興味というものはたいへんあやしく、はじめからあるものではない。
前述のように、風景を観察する行為を繰り返すことで、ようやく自分の中におぼ
ろげに立ち上ってくる。このため、最初は対象を絞り収集するように写真を撮り
続けるか、一歩先を行くまち歩きの達人を真似した方がいいだろう。筆者の場合
は後者からスタートした。幸運にも2000年代後半から名だたる「都市鑑賞者」
たちと行動を共にする機会を多く得たことで、風景の解像度が格段に高まった
ことをよく覚えている。

いずれにしても、少しでも興味をそそられた風景は、徹底して観察したい。写真
を撮り、ストックし、考えて、ゆるく分類する。その繰り返しを飽きずに続ける。筆
者の場合はそれを無自覚に実践するうちに、いくつものテーマが自分の中に徐々
に醸成されてきた。それは、写真整理に用いるAdobe Lightroom Classicの
コレクションの項目に表れている。たとえば、「美しい汚れ」「タワコレ」「ステキ
倉庫」「室外機コレクション」「パーキングスケープ」「ゴージャス避難階段」「斜行
事例」「オレのブルータリズム」「巧まざる造形」など、いまではおよそ50の項目
が並び、増殖し続けている。これらは収集のテーマになっていることはもちろん、
本書の構成の設定や、写真選定の際に、とても役に立った。なにかを無目的に
続けることは、後天的に意味を帯びることもあるのだ。

しかし、いくら自分のテーマを持っていても、実際にその風景を街の中で見出せるかどうかは、その時のアンテナの感度次第だ。それこそ「日常」の範疇では気付かないことが多いし、わざわざカメラを取り出して写真を撮るまでにはなかなか至らない。

だからこそ、旅に出たい。たとえ出張であっても、ウキウキした旅気分で。そうすることで、日常と非日常のモードが切り替わる。いつもと違う場所や具体的な対象を見に行ったときは自分のアンテナ感度が高まっているので、風景に潜むいろいろなノイズに気付くことができる。それをコレクションに加えるといい。日常の絶景に気付くには、非日常の刺激が不可欠なのだろう。

もうひとつ心がけておきたいことがある。それは、「引き返す勇気」だ。歩いているときに、不意になにかが引っかかるときがある。それはその時に求めているテーマとは異なるものかもしれないし、横目に入った路地の雰囲気だけかもしれない。けれどそうなったら、いったん戻ってじっくり観察してほしい。

ところが。これを実践するのはなかなか難しい。瞬間的にやらない理由を探してしまい、しまいには気がつかなかったことにしてしまう。そんなときこそ、勇気を振り絞って乗り越えたい。その先に、ようやく見えるものがあるのだ。

特に、スピードが速い車では、見える風景が歩行時とは大きく異なる。運転時に引き返すのはより勇気が必要だが、安全を確認しながらUターンの判断をしたい。長い人生、部分的なやり直しは十分に可能なのだから。そこで見えてくる風景は、絶景に変わる可能性が高いと、これまでの経験上感じている。

世界の設定とデザイン

さて、筆者は「デザイン」を教育する立場にある。その傍らで、都市鑑賞者としての活動を趣味的に続けてきた。かつては両者を分離して捉えていたが、最近ではメタレベルで融合してきた感覚がある。つまり、風景を理解するプロセスを、デザインの能力開発に取り入れる道筋が見えてきたのだ。

世界の設定を観察する。そして、仮説を立ててその先の世界を想像し、あわよくば創造する。

デザインを学ぶ多くの学生は、このフレーミングを繰り返し、デザインの能力を拡張している。具体的な観察に長けている若い学生が、抽象的な思考を手に入れると最強になることはわかっている。だからこそ、具体と抽象をシームレスにつなぎ、双方を意識的に行き来するメタ視点を獲得するには、「日常の絶景」の探索が良いトレーニングになるだろう。

もちろん本書はデザインを学ぶ学生だけを対象にしているわけではなく、日常の風景にちょっとした変化をつけたい多くの方にご覧いただきたい。詳細な解説を記していないのは、個々の写真から「設定」を妄想してほしいからだ。対象をより深く知りたくなったら、ぜひほかの都市鑑賞者のご著書も参照していただきたい。本書では、筆者の妄想を手がかりに、まち歩きの視点や、都市を支えるインフラストラクチャーへの理解を拡張していただけると幸いである。

本書の制作は2020年の初旬に始動した。学芸出版社の編集者である中井希衣子さんとコンセプトを相談しているとき、たまたま直前に見たテレビアニメ「映像研には手を出すな！」の話で大いに盛り上がった。主人公の一人が、「それまでずっとやっていたこと」の意味に気付くシーンについて、とりわけ熱く

語ったことを覚えている。そして原作の漫画を買い込み、その世界観をなぞりながら〈私の考えた最強の世界〉を目指すことになった。その話を作者の大童澄瞳さんにお伝えし、本書の草稿をご覧いただいたところ、カバーに示した素晴らしいコメントをいただいた。この場を借りて、感謝申し上げます。

コロナ禍の影響を受けて、多くの紆余曲折を経ながらも、なんとか書籍の形になってきた。その原動力になったのが、UMA/design farmの原田祐馬さんと山副佳祐さんによるデザインだ。ほぼリモート会議での進行ではあるが、中井さんを中心とするこのチームでの仕事は大きな刺激に満ちており、何度も折れかけた気持ちをその都度立て直すことができた。状況が落ち着いた頃に、京都で祝杯をあげたい。

人類の長い歴史の中で、現代に生きる私たちが日常的に目撃している都市の風景は、偶然の積み重ねにより生み出された、ほんの一瞬の絶景である。そう考えると、昨日よりも寛容な気持ちで世界を眺められるだろう。

ご協力くださったすべてのみなさま、どうもありがとうございました。この本を手に取ってくださったすべてのみなさま、具体と抽象の行き来を楽しみながら、あなたなりの「日常の絶景」を鑑賞してください。

2021年12月　八馬智

著者プロフィール

八馬 智（Satoshi Hachima）

1969年千葉県生まれ。千葉工業大学創造工学部デザイン科学科教授。専門は景観デザインや産業観光など。千葉大学にて工業デザインを学ぶ過程で土木構造物の魅力に目覚め、札幌の建設コンサルタントに入社。設計業務を通じて土木業界にデザインの価値を埋め込もうと奮闘したものの、2004年に千葉大学に戻りデザインの教育研究に方向転換した。その後、社会や地域の日常を寡黙に支えているインフラストラクチャーへの愛をいっそうこじらせた。2012年に千葉工業大学に移り、現在は本職の傍らで都市鑑賞者として活動しながら、さまざまな形で土木のプロモーションを行っている。著書に『ヨーロッパのドボクを見に行こう』（自由国民社、2015）がある。

日常の絶景
知ってる街の、知らない見方

2021年12月15日　第1版第1刷発行

著　者　　八馬 智

発行者　　前田裕資
発行所　　株式会社 学芸出版社
　　　　　京都市下京区木津屋橋通西洞院東入
　　　　　〒600-8216　電話075-343-0811
　　　　　http://www.gakugei-pub.jp/
　　　　　info@gakugei-pub.jp
編集　　　中井希衣子
営業　　　中川亮平

DTP・装丁　　UMA/design farm　原田祐馬・山副佳祐

印刷・製本　　シナノパブリッシングプレス